RÈGLES
DE
L'IMPOSITION

BASÉES SUR UN NOUVEAU PRINCIPE

et leur application à la mise en pages

PAR

N.-I. WEINSTEIN

CHEZ L'AUTEUR
13 ET 15, CITÉ POPINCOURT, 13 ET 15

RÈGLES

DE

L'IMPOSITION

RÈGLES

DE

L'IMPOSITION

BASÉES SUR UN NOUVEAU PRINCIPE

Et leur application à la mise en pages

PAR

N.-I. WEINSTEIN

CHEZ L'AUTEUR

13 ET 15, CITÉ POPINCOURT, 13 ET 15

L'Auteur, en dédiant ce petit livre

A MONSIEUR LE GRAND RABBIN DE PARIS

ZADOC KAHN

le prie de vouloir bien accepter ce faible témoignage de sa reconnaissance.

L'AUTEUR.

AVANT-PROPOS

« L'homme moderne, a dit un savant, « est à cheval sur la vapeur, écrit avec « l'éclair et peint avec le soleil. »

Il suffit de se rendre compte des progrès accomplis dans les différentes branches des sciences pour se convaincre de la justesse de cette comparaison.

Rien n'arrête l'homme audacieux, rien n'échappe à l'habileté et à la sagacité de ses observations. Par ses investigations, ses longues et patientes recherches, il soumet tout aux lois de la logique.

La mécanique et les différentes parties de la physique, la pesanteur, l'acoustique, l'optique, etc., sont depuis longtemps déjà basées sur les mathématiques ; l'électricité même dont la nature, dans ces derniers temps, était tout hypothétique, est maintenant enserrée par le réseau des sciences exactes et soumises aux mêmes lois que ses sœurs.

Aussi la typographie que l'on peut, sans exagération, nommer la bouche de la science, n'est-elle pas restée sans progrès !

Que l'on compare l'imprimerie actuelle avec ce qu'elle était il y a seulement cent ans !

En une heure, une machine transforme un rouleau de papier de cinq kilomètres de longueur en 40,000 exemplaires d'un journal (imprimé sur les deux faces) et réunis en paquets contenant un nombre de feuilles déterminé d'avance.

Il y a un siècle, si un homme avait prédit cela, on l'aurait traité de rêveur, et sa prédiction, de fable.

Et cela n'est-il pas aujourd'hui rigoureusement vrai ? Aussi je fus très étonné quand, pour la première fois, je remplis les fonctions de metteur en pages et quand j'appris qu'il n'existait encore aucune règle numérique pour guider l'ouvrier dans ce travail. L'ordre de succession des pages y est laissé au tâtonnement, à la mémoire et même une longue expérience ne met pas en garde contre les erreurs numériques.

Les sciences soumettent leurs manifestations aux lois de nombres par lesquelles tout s'explique, tout se démontre — Cependant ces nombres eux-mêmes vagabondent sur les feuilles d'impression de part et d'autre et le metteur en pages est obligé de tâtonner, d'aller au jugé, d'errer dans l'obscurité, si bien que pour un in-12 ou un in-18 il doit couper la feuille : ce qui augmente les frais de brochage.

Je pensai que cela est une contradiction flagrante et que les pages doivent se rapporter et se succèder suivant une certaine loi ; si cette loi est négligée, n'est pas mise en pratique, à qui la faute ?

De longues et continuelles observations m'ont amené aux déductions qui vont suivre :

Avant d'aller plus loin, il est bon de faire remarquer que les termes « in-quarto » ou « in-octavo » ne signifient pas que la feuille contient 4 ou 8 pages, mais qu'elle est divisée en 4 ou en 8 parties. Il faut donc éviter de désigner ces divisions de la feuille par le mot « page » — Chacun sait, du reste, que l'in-quarto renferme 8 pages, et l'in-octavo, 16.

Nous pensons que ces quelques lignes éviteront tout malentendu dans l'exposé suivant.

LOIS DE L'IMPOSITION

Appelons *élément* l'assemblage de deux feuilles séparées par le pli dans lequel passe le fil lors du brochage.

Soit n le nombre de pages que donnera une feuille, la somme des deux pages adjacentes qui forment l'élément sera toujours $n+1$ (1), par ex. : si la feuille a 8 pages, la somme des deux adjacentes (de chaque élément), sera $8+1=9$. Si la feuille a 16 pages, la somme sera $16+1=17$ et ainsi de suite.

IN-FOLIO

On peut se convaincre de suite de l'utilité de cette loi ; si l'ouvrage est un in-folio,

(1) Ceux à qui l'expression $n+1$ pourrait paraître incompréhensible peuvent la substituer par l'expression la *somme* de la *première page avec la dernière* de la feuille.

n sera 4. La page adjacente de 1 sera *n* c'est-à-dire 4 et si l'on pose 2 au verso de la page 1, l'adjacente sera 5 — 2 = 3 (fig. 1 et 2).

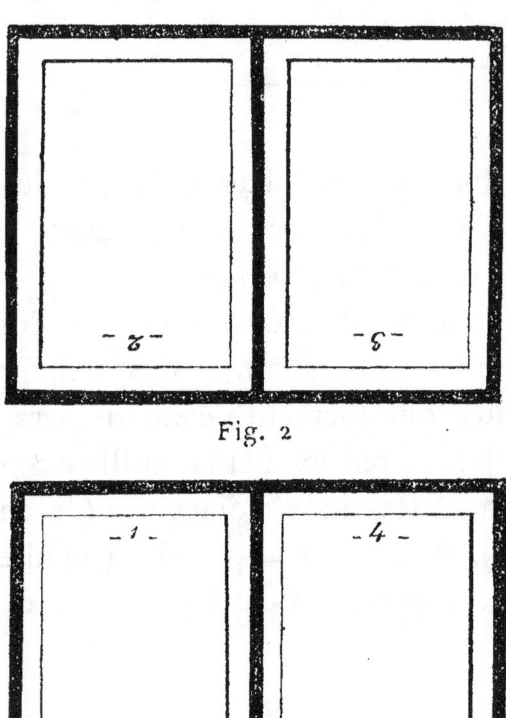

Fig. 2

Fig. 1

Nommons *centre* le point autour duquel 4 éléments sont groupés.

La différence diagonale des *centres* sera toujours 4 et jamais inférieure à 4 (fig. 5 et 6).

IN-QUARTO

Dans un in-quarto, le *centre des éléments* est en même temps le *point central* : deux éléments constituant un centre.

Si l'on veut établir l'ordre des pages dans un in-quarto, l'on placera d'abord la page 1, dont l'adjacente sera *n*, c'est-à-dire, 8. Nous savons que la différence diagonale est 4 ; la page qui lui sera diagonalement opposée

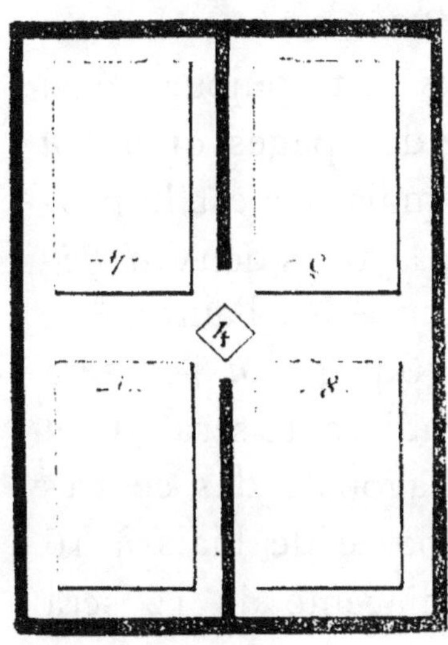

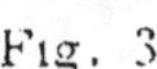
Fig. 3

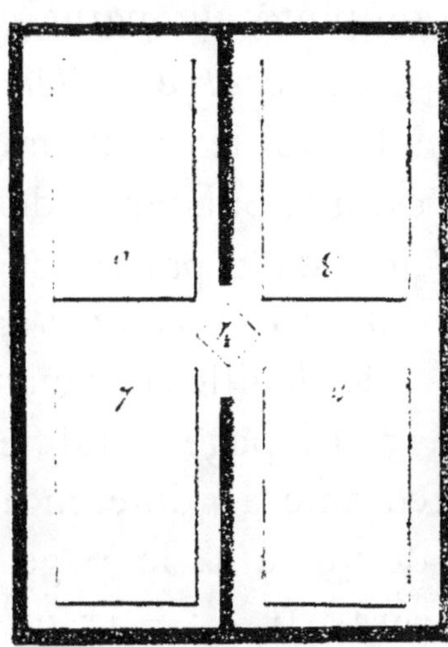

Fig. 4

sera donc $8 - 4 = 4$ et l'adjacente de 4, $9 - 4 = 5$.

Au verso de la feuille, au dos de la page 1 se trouvera la page 2 et l'adjacente de cette dernière sera le nombre complementaire de $n + 1$ ou 9 c'est à dire $9 - 2 = 7$; l'opposée en diagonale de 7 sera $7 - 4 = 3$ et l'adjacente de 3, $9 - 3 = 6$ (fig. 3 et 4).

IN-OCTAVO

Dans un in-octavo, il doit y avoir deux *centres d'éléments* et un *centre commun* ou plutôt un *point central*.

Le *centre d'éléments* est toujours égal à la moitié de la somme des pages quand n est une puissance de 2, mais si n est le produit de 2 par trois, il y a alors deux *différences des éléments*, l'un $\frac{n \times 2}{3}$, l'autre, $\frac{n}{2}$

La feuille contenant 16 pages, $n + 1$ sera 17. La page 1 établie, l'adjacente sera 16 et comme la différence diagonale des centres doit être 4, la page opposée de biais à 16 sera $16 - 4 = 12$ et l'adjacente de 12 sera $17 - 12 = 5$,

Dans un in-octavo, la différence diagonale des éléments est $\frac{n}{2}$, c'est-à-dire 8 (fig. 5 et 6).

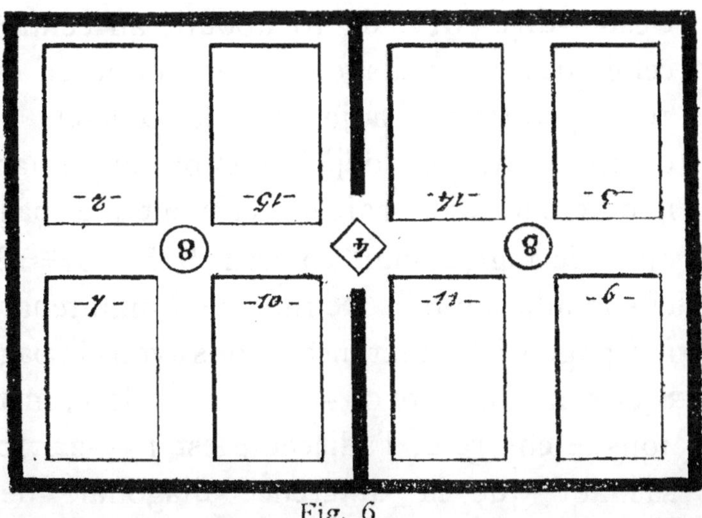

Fig. 6

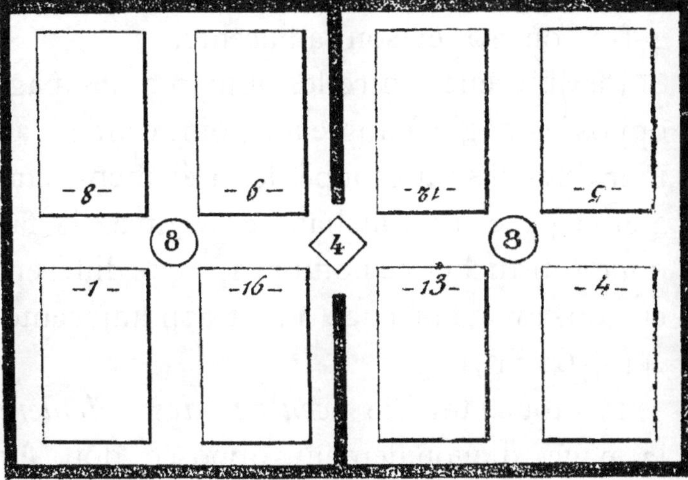

Fig. 5

Vérifions la justesse de ces règles par un exemple :

Etablissons la page 1, l'adjacente est *n*, c'est-à-dire 16, mais 16 aboutit au centre ; celle qui lui est diagonalement opposée est 16 — 4 = 12 et l'adjacente de celle-ci, 5 ; d'autre part, 5 est déjà le nombre exprimant la différence diagonale des éléments, la page opposée angle à angle à 5 sera 13 (5 + 8 = 13) et son adjacente 4. Retranchons maintenant à la page 16 la différence 8 nous avons la page 8 et son adjacente 9. — Au verso de 1, mettons le chiffre 2, l'adjacente est 17—2=15, sachant que la différence diagonale des éléments est $\frac{n}{2}$ ou 8, l'opposée de 2 sera 2 + 8 ou 10 et son adjacente, 7.

La différence entre les numéros des pages opposées angle à angle au point central autour duquel sont groupés les 4 éléments étant 4 et la page 15 touchant ce centre, il faut donc retrancher ce nombre 15 cette différence et nous avons la page 11 et son adjacente 6 (11 + 6 = 17).

11 touchant le *centre des éléments* la page diagonalement opposée doit être 11 — 8 = 3 et l'adjacente, 17—3 = 14 (fig. 5 et 6).

IN-DOUZE

Passons à l'in-12 ou 24 pages (fig. 7 et 8). Le nombre 24 étant le produit de 3 par une puissance de 2, il y aura deux *différence des éléments* l'une sera $\frac{n \times 2}{3} = 16$, l'autre, $\frac{n}{3} = 8$.

Mais la plus grande de ces différences doit nécessairement exister entre les deux rangées d'éléments qui renferment les nombres extrêmes 1 et 24 ou *n*.

Ceci dit, posons d'abord la page 1 dont l'adjacente est 24, l'opposée diagonale de 24 est $24 - 4 = 20$ et l'opposée diagonale de 1 est $1 + 16$ ou 17 et l'adjacente de celle-ci, $25 - 17 = 8$. — L'adjacente de 20 est 5 et comme nous ne pouvons ni de la page 8, ni de 5 soustraire la différsnce supérieure 8, nous devons l'y ajouter et nous avons à gauche $8 + 8 = 16$ et à droite $5 + 8 = 13$. L'adjacente de 13 est $25 - 13 = 12$ et celle de 16 est 9.

De même, de la page 5, nous ne pouvons retrancher 16, grande différence des éléments.

Ajoutons-la et nous obtenons $5 + 16 = 21$ et son adjacente est $25 - 21 = 4$.

Suivons la même marche pour le verso de la feuille que pour le recto.

Au dos de la page 1 posons la page 2 dont l'adjacente est 23, de celle-ci retranchons la *différence de centre* qui est 4 et à la page 2 nous ajoutons 16, différence d'éléments,

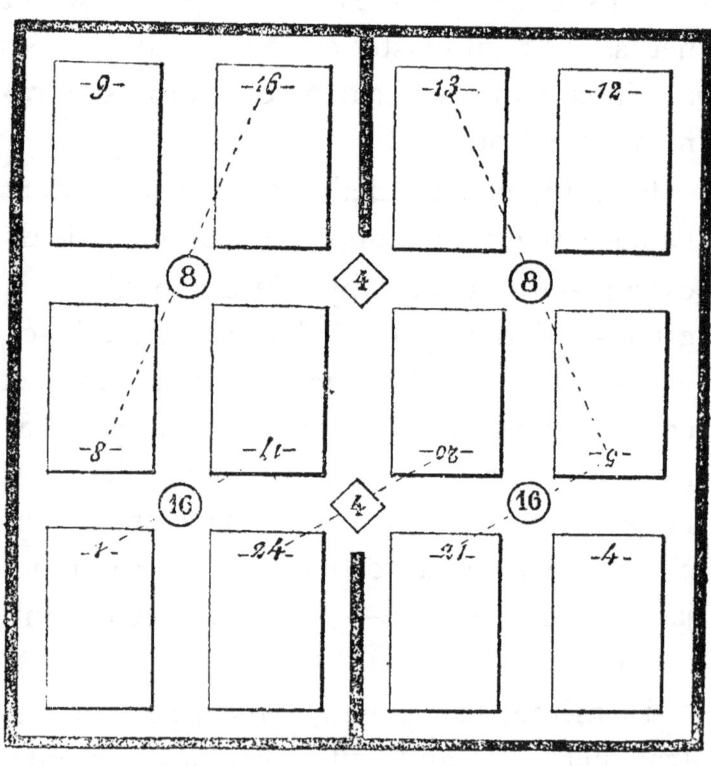

Fig. 7

nous obtenons ainsi à gauche la page 19 et à droite, 18.

18 a pour adjacente 7 et 19, 6.

Mais nous ne pouvons de 6 et de 7, retrancher la différence 8 qui leur est supérieure : ajoutons-la et nous avons pour l'opposée de 6 la page 14 et pour l'opposée de 7 la page 15, leurs adjacentes seront 25 — 15 = 12

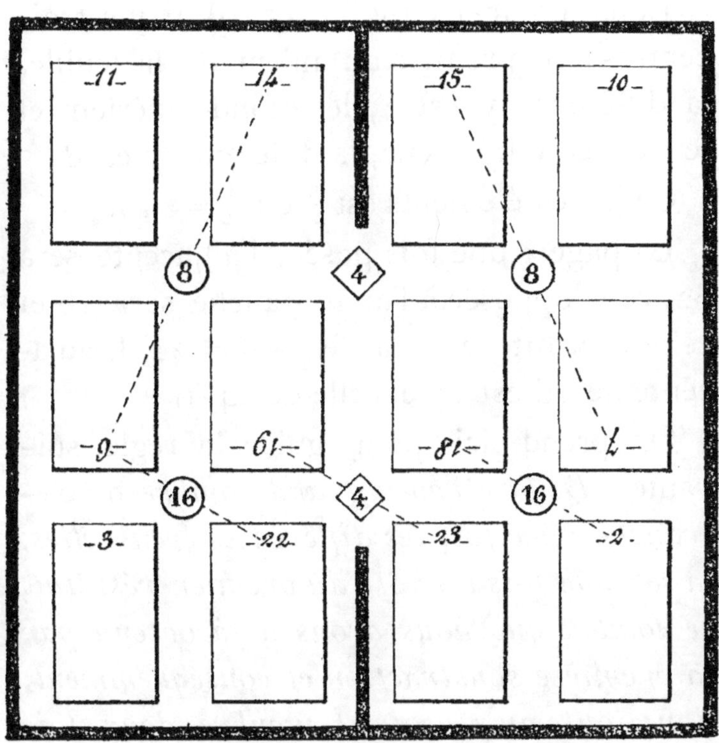

Fig. 8

et $25 - 14 = 11$. Pour la même raison, ajoutons aussi à la page 6 la différence inférieure qui est 16 et nous avons alors son opposée 22 et l'adjacente 3.

IN-SEIZE

Dans un in-16 (fig. 9 et 10) il y a trois centres ; le premier au milieu de la feuille, la différence y est 4, le second supérieur et le troisième inférieur, la différence y est 8.

Celle des éléments est $\frac{n}{2}$ ou $\frac{32}{2} = 16$.

La page 1 une fois posée, l'adjacente sera 32, celle opposée à l'angle gauche sera 16 et celle à droite 24, car $32 - 8 = 24$. L'adjacente de 16 est 17 et celle de 24, 9.

On prend ici pour guide la règle suivante : *De l'extrême grand nombre on retranche deux fois les différences éventuelles : la seconde fois l'on ôte du premier résultat, ce nombre que nous avons déjà obtenu par la première soustraction et conséquemment, l'on ajoute au plus petit nombre deux fois les différences éventuelles.*

Par ex. à la page 1, nous ajoutons la différence des éléments 16 et nous obtenons la page 17, à cette somme, nous ajoutons maintenant la différence 4 (différence centrale de la feuille) et nous avons la page 21. Nous procédons de la même manière pour la page 32, mais dans une direction contraire.

Retranchons une fois la différence du centre inférieur qui est 8 et nous avons la page 24. Puis ôtons de celle-ci la différence au point central et nous obtenons la page 20.

L'adjacente de 17 est 16, de 24 est 9, de 21 est 12 et celle de 20 est 13. Mais ni de 12, ni de 13 nous ne pouvons retrancher la différence des éléments qui est 16, il faut donc l'ajouter et nous avons à gauche $12 + 16 = 28$ et à droite $13 + 16 = 29$. L'adjacente de 28 est 5 et de 29, 4.

Pour la même raison, il faut ajouter à la page 9 la différence 16, il en résulte la page 25 et son adjacente 8.

Passons au verso. — Au dos de la page 1 se trouve la page 2 dont l'adjacente est 31. Ajoutons 16 à 2 et nous avons la page 18 et à celle-ci nous ajoutonos la différence au point central 4 et nous avons 22. D'autre part, soustrayons de 31 la différence du centre inférieur qui est 8 et nous avons la page 23 et ôtons de celle-ci la différence du centre

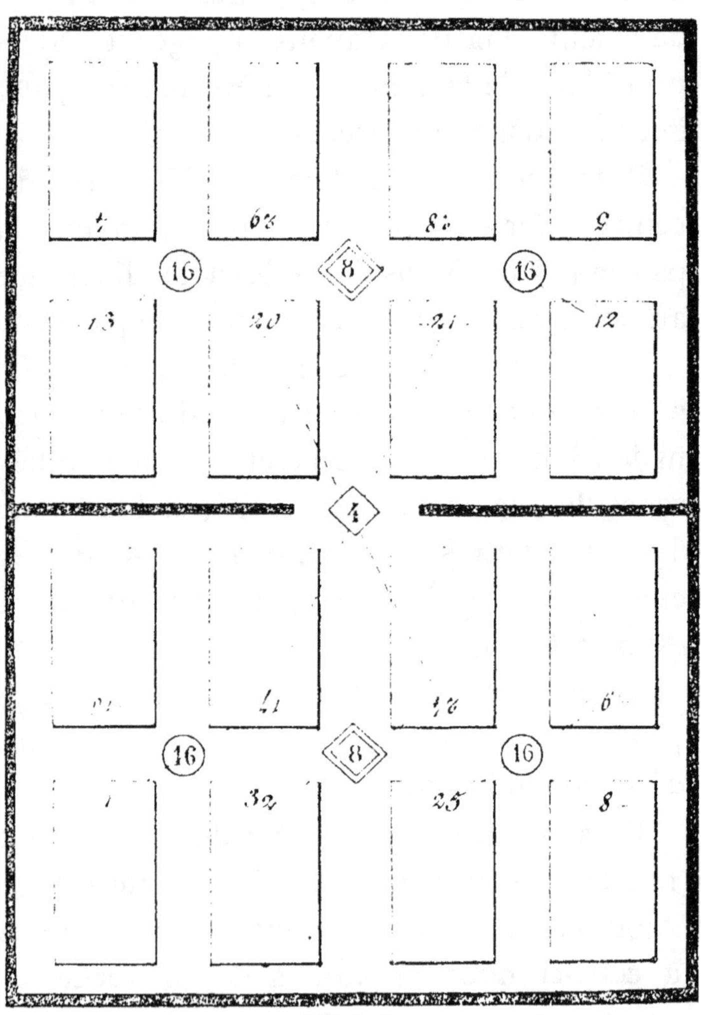

Fig. 9

de la feuille qui est 4 nous obtenons la page 19.

L'adjacente de 19 est 14 et celle de 22, 11.

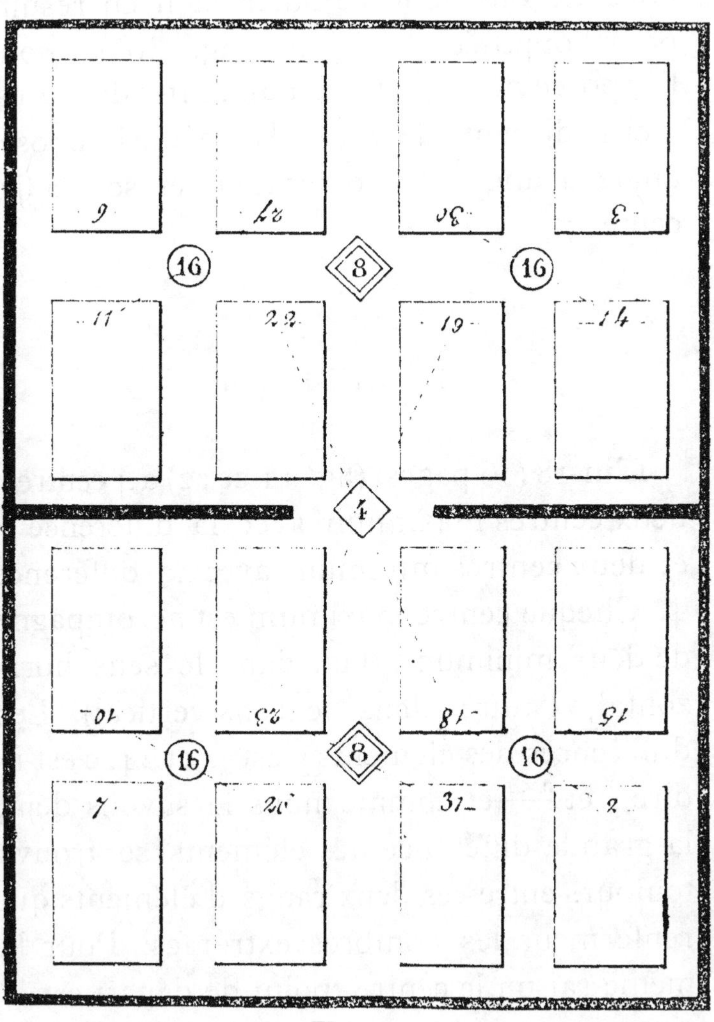

Fig. 10

L'adjacente de 18 est 15 et celle de 23 est 10. Mais ni de 14 ni ne 11, nous ne pouvons soustraire la différence des éléments 16, nous devons donc l'ajouter et il en résulte pour l'opposée de 14 la page 30 et pour l'opposée de 11, 27. L'adjacente de 30 est 3 et l'adjacente de 27, 6. De même l'opposée angle à angle de 10 sera 26 et son adjacente 7.

IN-DIX-HUIT

L'in-18 (36 pages) (fig. 11 et 12) a 4 centres, deux centres maximum avec la différence 8 et deux centres minimum avec la différence 4. Cheque centre maximum est accompagné de deux minimum, (l'un dans le sens horizontal, l'autre dans le sens vertical). Les différences des éléments y est 12 et 24, c'est-à-dire $\frac{n}{3}$ et $\frac{n \times 2}{3}$ et comme nous le savons déjà, la grande différence des éléments se trouve toujours entre ces deux rangs d'éléments qui renfermeut les nombres extrêmes. Pour la même raison le centre, point de départ est le centre maximum.

Ici s'applique une loi connue de tous, qui est la base de toutes les religions, y compris celle de l'humanité : *Que ceux qui possèdent donnent leur superflu à ceux qui manquent du nécessaire.*

Ceci en main, le metteur en pages est pour toujours affranchi des erreurs et des difficultés qu'il a jusqu'ici rencontrées dans la mise en page d'un in-18 et qui nécessitent le coupage de la feuille en 3 parts et une augmentation des frais de brochage.

La page 1 posée sur le marbre, son adjacente sera *n* ou 36 ; de 36 retranchons la *grande différence des éléments* qui est 24 et nous avons la page 12 avec son adjacente 25. Otons aussi de la gage 36 la *différence maximum du centre* 8, et nous avons pour l'opposée, la page 28 et son adjacente 9. De la page 28 soustrayons la grande différence des éléments et nous avons 4 et son adjacente 33.

A 4 nous ajoutons la *différence minimum du centre* il en résulte la page 8 et son adjacente 29 de laquelle nous ôtons la grande différence des éléments et nous obtenons la page 5 et son adjacente 32

Passons à la troisième rangée.

Ici la différence des éléments sera 12 que nous retranchons de 29, il en résulte la page

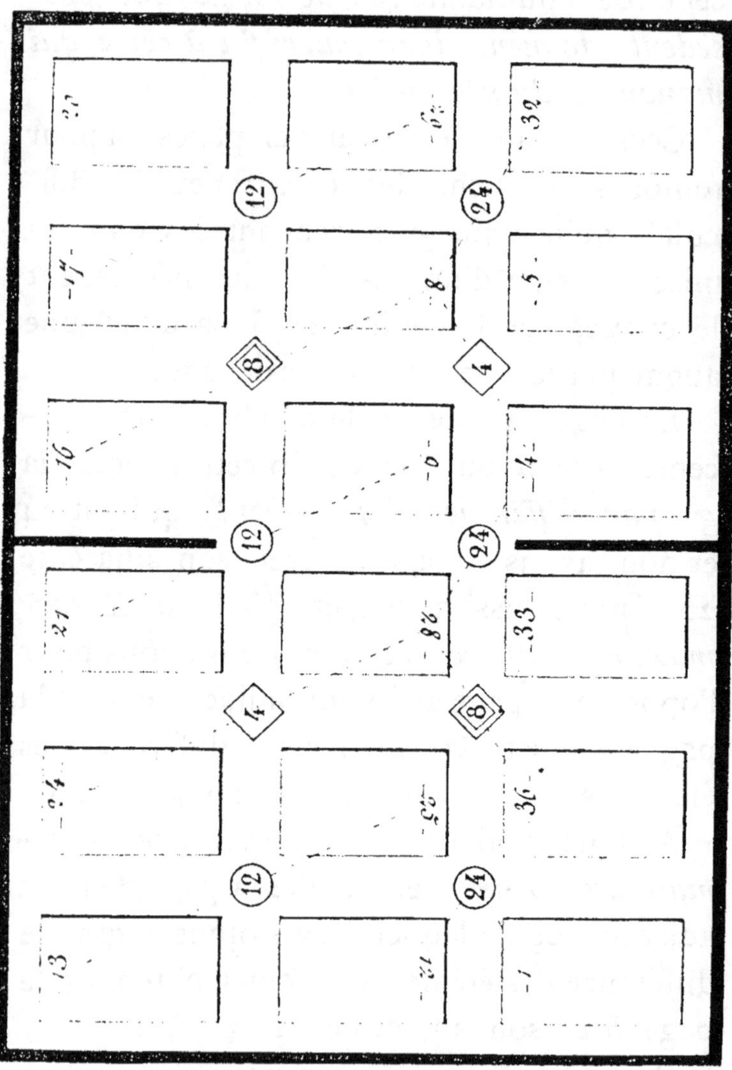

Fig 11

17, tandis que nous devons ajouter cette différence à la page 8 ; c'est ainsi que nous

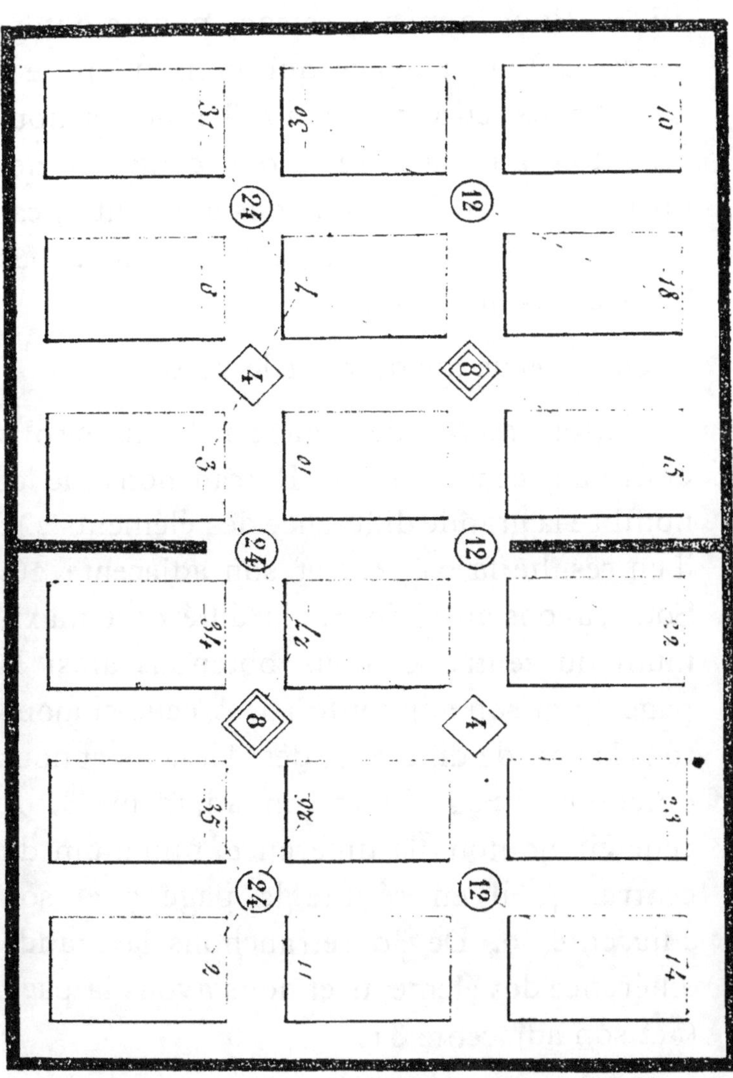

Fig. 12

obtenons 20. A 8, nous ajoutons encore la différence maximum du centre et nous avons 16. — Pour la même raison, nous ajoutons aussi 12 à la page 9 ce qui nons donne 21. De 28 nous retranchons la différence et nous l'ajoutons à la page 12. Pour contrôler nos opérations, servons-nous des adjacentes, car 20 + 17, 16 + 21, et 24 + 13 donnent tous 37, c'est-à-dire $n + 1$.

Opérons de même pour le verso.

Mettons au dos de la page 1 le numéro 2 dont l'adjacente est 35. Retranchons de ce nombre la grande différence des éléments 24 : il en résulte la page 11 et son adjacente 26. Soustrayons aussi de 35 la différence maximum du centre et nous obtenons ainsi la page 27 et son adjacente 10. A celle-ci ajoutons la grande différence des éléments et nous obtenons la page 34 et son adjadenie 3. A celle ci ajoutons la différence minimum du centre, 4, il en résulte la page 7 et son adjacente 30. De 30 retranchons la grande différence des éléments et nous avons la page 6 et son adjacente 31.

Reprenons la rangée supérieure.

De la page 30 retranchons la petite différence des élements et nous avons la page 18, ajoutons cette même différence à 7 pour obtenir 19. On suit la même méthode pour les pages 10 et 27, 26 et 11 et il en résule 22 et 15, 14 et 23. On peut contrôler ces nombres comme il a été dit précédemment, car 14 et 23, 22 et 15, 18 et 19 sont tous égaux à $n+1$, c'est-à-dire 37.

Ceci entendu, passons aux pages qui proviennent d'une 3e, d'une 4e feuille. Le rapport que nous venons d'exposer ne change point, car chaque page est surchargée d'un même nombre de pages précédentes.

Par ex. : si nous avons sous les yeux la 7e feuille d'un ouvrage in-18, le nombre de pages précédant cette feuille sera $6 \times 36 = 216$. La première page sera $216 + 1 = 217$ et la dernière de la dite feuille, $36 + 216 = 252$. Nous aurons donc ici un $n+1$ *nominal* qui sera ainsi composé: $1+216+36+216=469$. C'est ce nombre qui doit donner la somme de chaque élément et doit être completé par chaque adjacente.

Quant aux différences, elles restent les mêmes, car les surcharges de chaque page s'annulent réciproquement en opérant les soustractions donnant les différences éventuelles. C'est pourquoi lesdites différences sont les mêmes que dans la première feuille.

COUPAGE DES FEUILLES

Si l'ouvrage que nous devrons mettre en pages est une œuvre de luxe et que nous soyons resolus à couper la feuille afin que le dos ne soit pas trop volumineux, nous le coupons en deux parts dans le cas d'un in-12 et en 3 parts dans le cas d'un in-18.

Les règles qui ont été énoncées dans ce qui précède s'adaptent ici de la même manière.

Chaque cahier d'un in-12 ou d'un in-18 comprend 12 pages, n sera ici 12 et $n+1$, 13. Mais 12 est une puissance de 2 multipliée par 3, il y aura donc deux différences de centre des éléments ; l'une sera $\frac{n}{3} = 4$, l'autre $\frac{n \times 2}{3} = 8$.

Ceci dit, posons sur le marbre la page 1, l'adjacente sera 12. Retranchons de 12 la grande différence 8 et nous aurons la page 4 et son adjacente 9. De celle-ci ôtons la petite 4 et nous obtenons la page 5 et son adjacente 8.

Au verso, mettons 2 au dos de la page 1, son adjacente est 11. Retranchons de ce

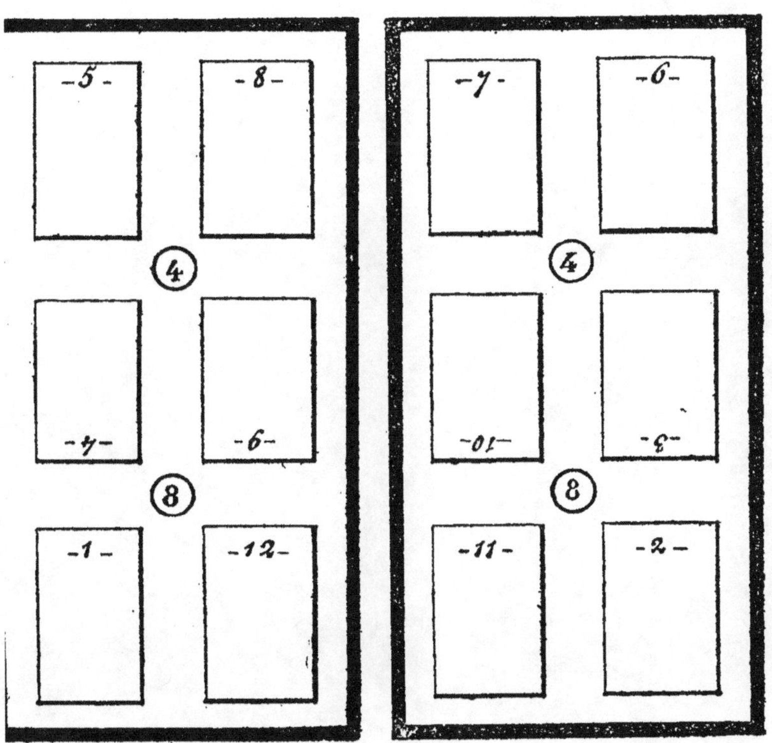

Fig. 13. Fig. 14.

dernier nombre la grande différence 8 et nous avons 3 avec 10 pour adjacente. Diminions de celle-ci 4 (petite différence) et nous aurons la page 6 et son adjacente 7.

Paris. — Alcan-Lévy, imp. breveté, 24, rue Chauchat.

www.ingramcontent.com/pod-product-compliance
Lightning Source LLC
LaVergne TN
LVHW050505160826
845677LV00003B/953

* 9 7 8 2 3 2 9 6 4 7 9 6 8 *